Die Dampfturbine – ein Energiewandler

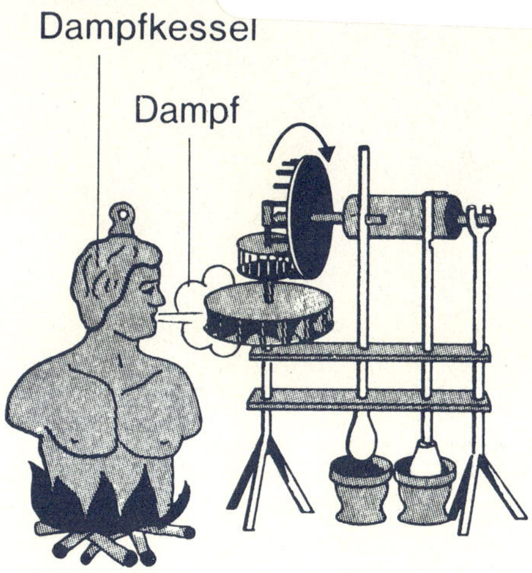

In modernen Wärmekraftwerken gewinnt man elektrische Energie mit Hilfe von Generatoren. Sie werden von Dampfturbinen angetrieben.

Die Abbildung zeigt eine Dampfturbine aus dem Jahre 1629.

Welche Voraussetzungen sind erforderlich, wenn Dampf Arbeit verrichten soll?

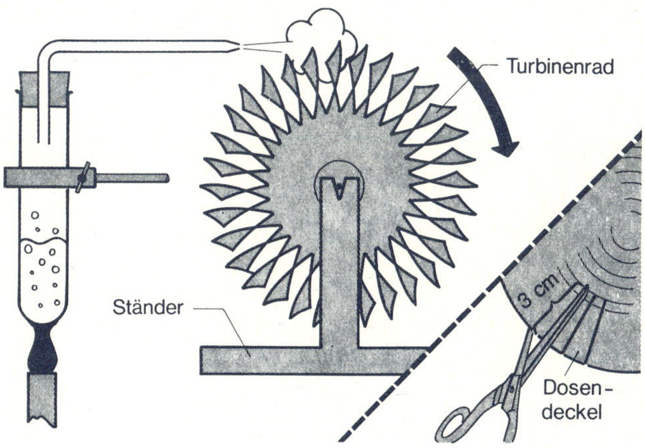

Nenne Teile aus den beiden Abbildungen, die einander entsprechen!

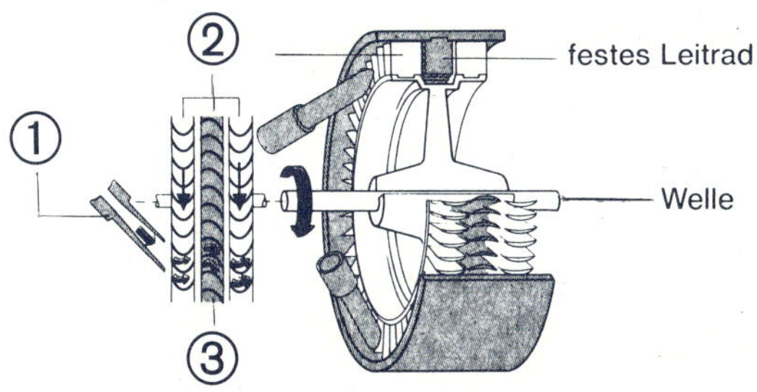

Welche wichtigen Aufbauteile kannst du an einer modernen Dampfturbine erkennen?

①

②

③

Trage die Nummern in die Abbildungen ein! Was fällt dabei auf?

Erkläre, wieso die Dampfturbine ein Energieumwandler ist!

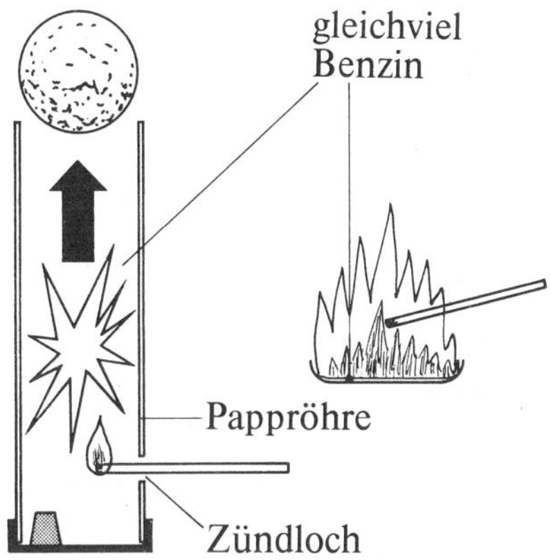

Der nebenstehende Versuch zeigt den wichtigsten Vorgang im Ottomotor.

____

____

____

____

____

____

Im Zylinder eines Viertakt-Ottomotors spielt sich der gleiche Vorgang ab. Allerdings wiederholt er sich in sehr kurzen Zeitabständen immer wieder.

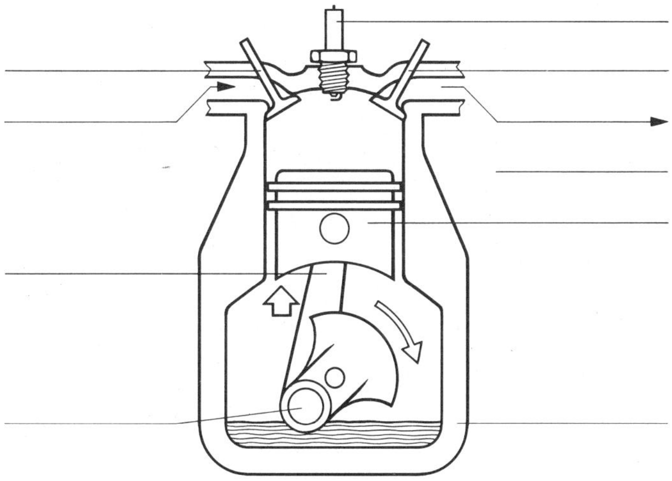

Benenne die wichtigsten Aufbauteile des Viertakt-Ottomotors:

Kolben, Pleuel, Kurbelwelle, Einlaßventil, Auslaßventil, Zündkerze, Einlaßkanal, Auslaßkanal, Brennraum, Zylinderwand, Kurbelgehäuse.

Je feiner das flüssige Benzin zerstäubt wird, desto besser verbrennt es.

Beschreibe die Funktion des Vergasers!

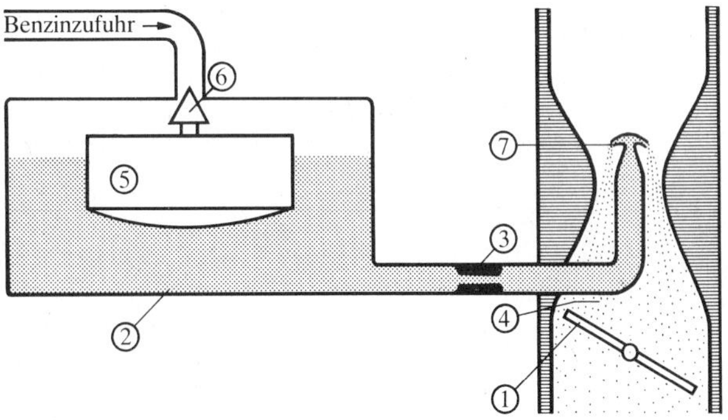

____

____

____

____

____

____

____

____

____

Fülle anhand der abgebildeten vier Takte die Tabelle aus!

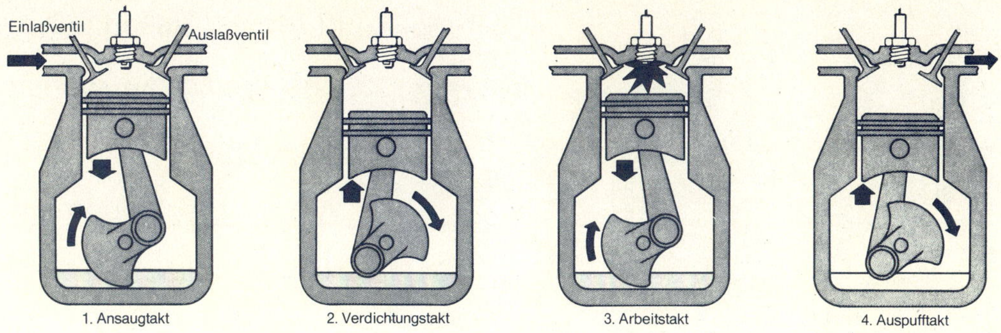

	Ansaugtakt	Verdichtungs-takt	Arbeitstakt	Auspuff-takt
Kolbenbewegung	↓	↑	↓	↑
Einlaß-ventil				
Auslaß-ventil				
Zündkerze				

Beschreibe die Wirkungsweise des Viertakt-Ottomotors!

Ergänze das Flußdiagramm!

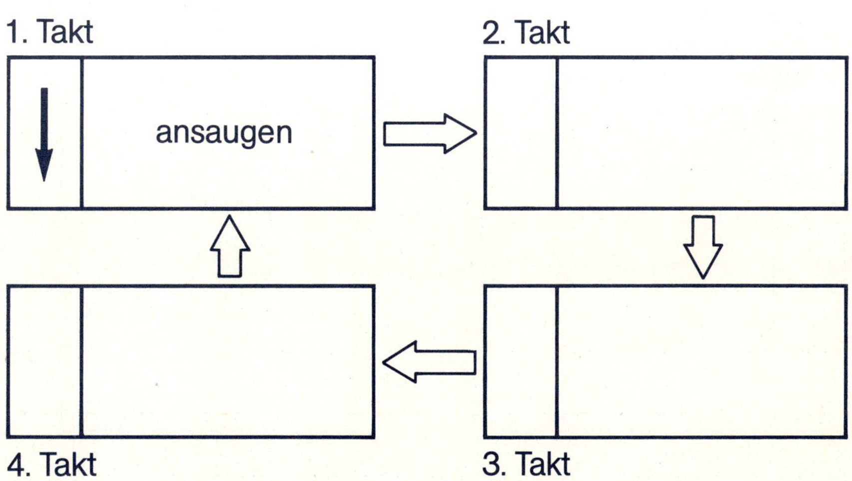

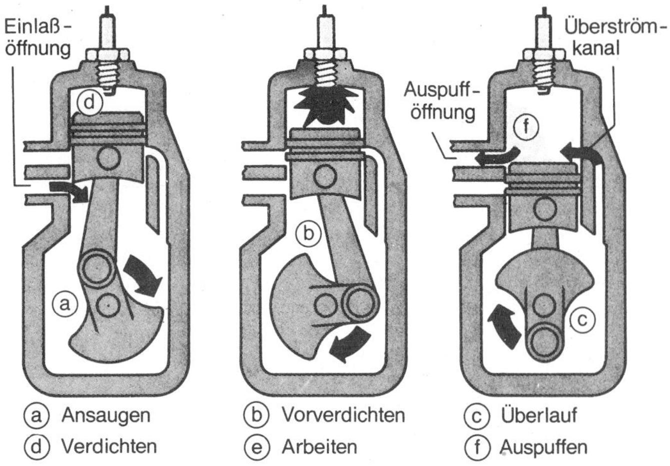

In Mofas, Rasenmähern und Motorbooten sind häufig die robusten Zweitaktmotoren eingebaut.

Wie unterscheiden sie sich im Aufbau von den Viertaktmotoren?

Beschreibe die Wirkungsweise des Zweitakt-Ottomotors!

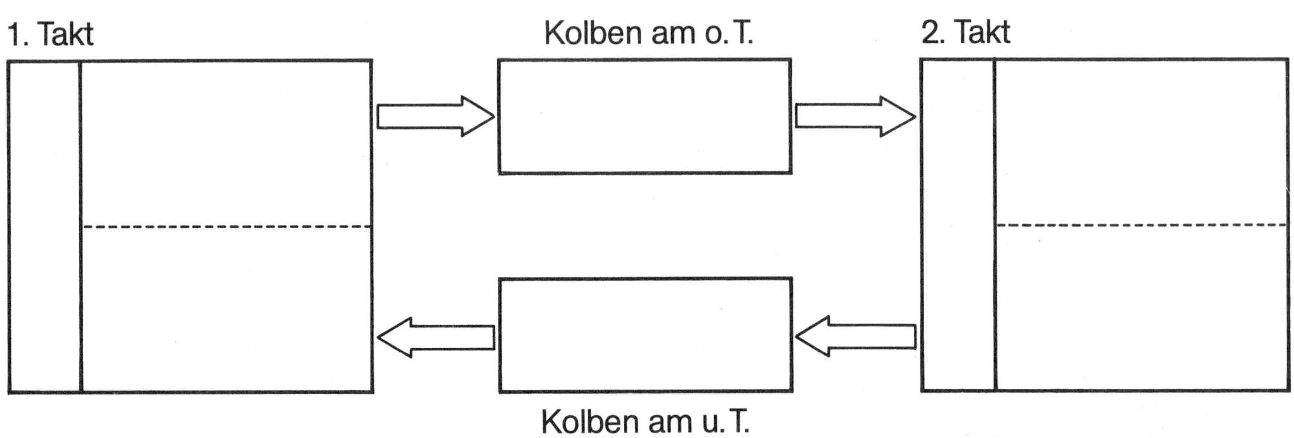

Was passiert hier beim Herausspringen aus dem Boot?

Nenne weitere Beispiele, in denen du ähnliche Beobachtungen gemacht hast!

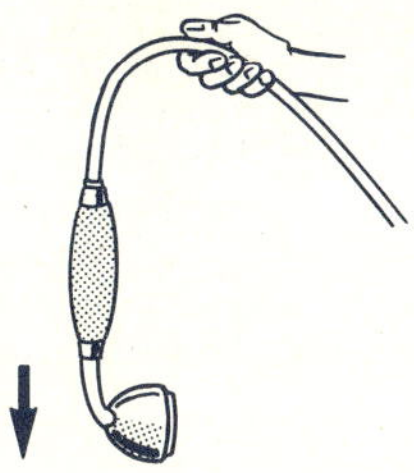

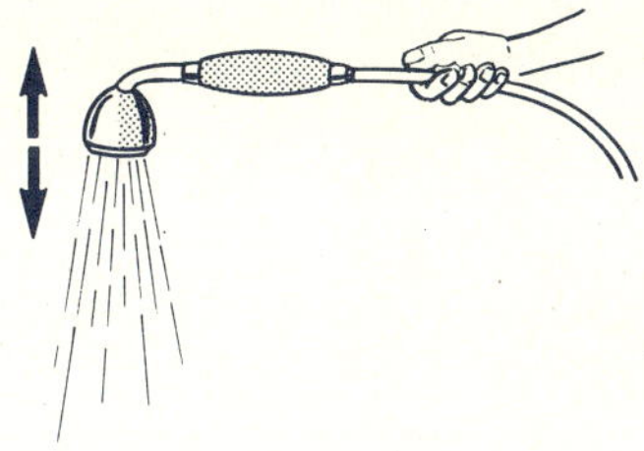

Allen Beispielen gemeinsam ist das Rückstoßprinzip. Die folgende Versuchsreihe gibt Aufschluß über den Rückstoß.

Kennzeichne mit einem roten Pfeil die Richtung, in die der Gummischlauch bewegt wird!

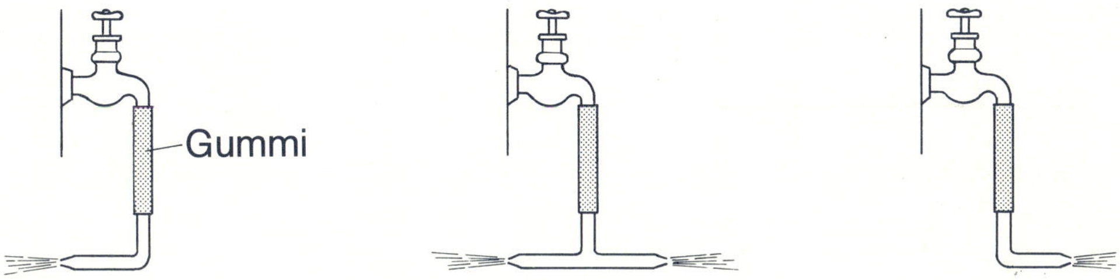

Wovon hängt der Rückstoß ab?

Beschreibe den Aufbau einer Rakete und wie sie funktioniert!

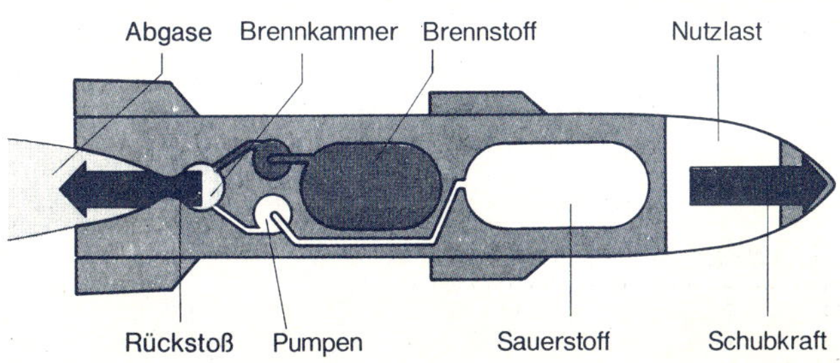

Wärme-Energiemaschinen wandeln die ihnen zugeführte Wärmeenergie um in mechanische Energie. Das Energieflußdiagramm eines Viertakt-Ottomotors zeigt, daß bei dieser Umwandlung Energieverluste in Kauf genommen werden müssen.

zugeführte Energie

____

____

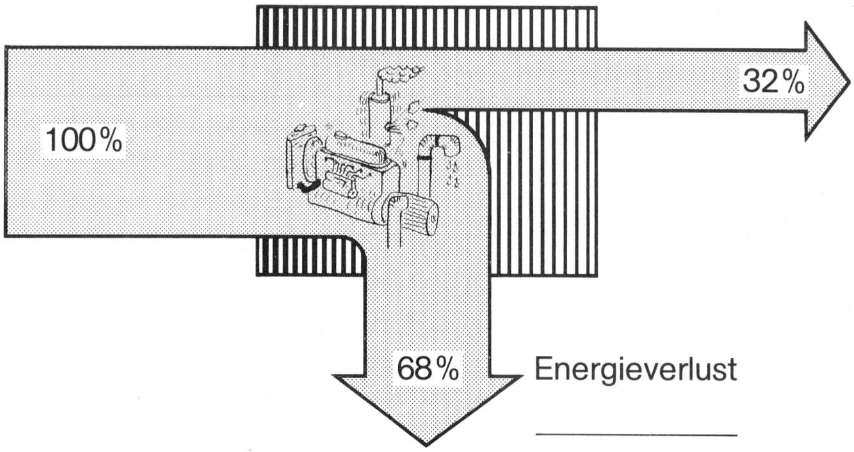

Nutzenergie

____

____

Energieverlust

____

Der Wirkungsgrad gibt die Wirtschaftlichkeit einer Energieumwandlung als Prozentsatz an.

Wirkungsgrad = ____________________

Berechne den Wirkungsgrad der folgenden Wärme-Energiemaschinen!

Wärme-Energiemaschine	zugeführte Energie	Nutzenergie	Wirkungsgrad	
Dampfmaschine	100 kJ	25 kJ		25
Dampfturbine	170 kJ	68 kJ		40
Ottomotor	250 kJ	80 kJ		32
Dieselmotor	90 kJ	36 kJ		40
Rakete	102 kJ	51 kJ		50

Wirkungsgrad eines Autos

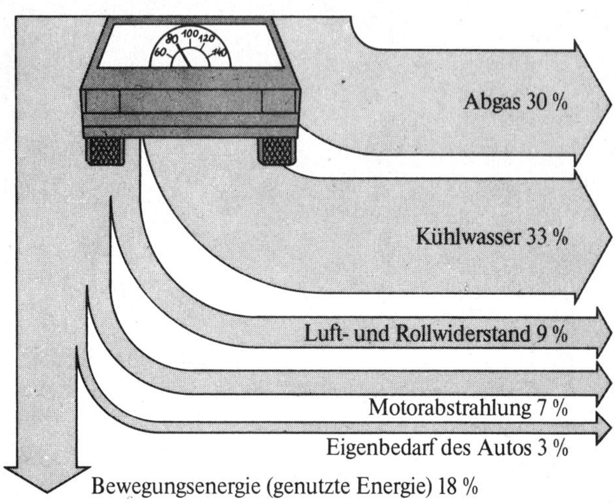

Verbesserungsmöglichkeiten?

____

____

____

____

____

____

____

____

Wenn man eine Autotür öffnet, geht die Innenbeleuchtung an. Beim Schließen erlischt sie. Wie ist dies möglich?

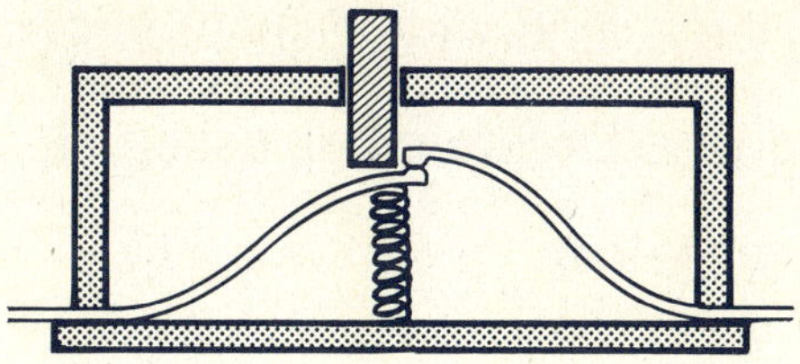

Zeichne den Weg des Stromes in die Abbildung!

Ein Tank soll auf keinen Fall überfüllt werden. Darum ist er mit einer Vorrichtung versehen, die die Pumpe abschaltet, wenn der Tank voll ist.

Ergänze die Zeichnung rechts durch einen geeigneten automatischen Abschalter.

Wodurch wird dieser Schalter betätigt?

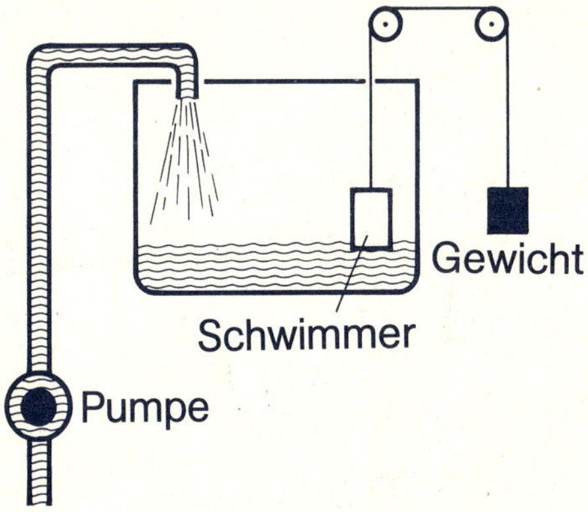

Die Lampen in Projektoren werden oft so heiß, daß sie auch nach dem Abschalten noch gekühlt werden müssen. Dazu baut man in die Projektoren einen Bimetallschalter als Überhitzungsschutz ein.

Erkläre, wie er geschaltet ist!

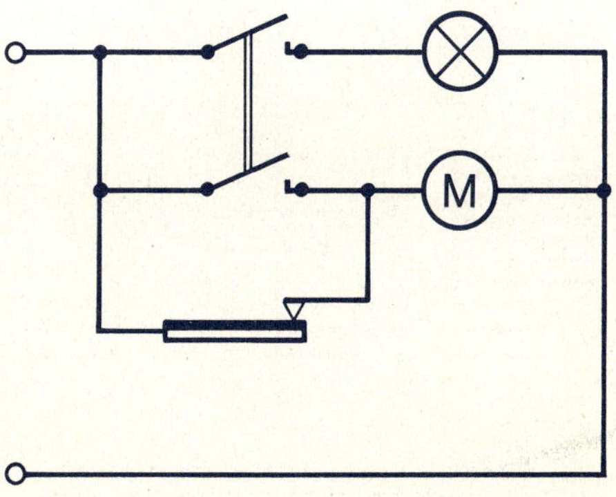

Wer betätigt diesen Schalter?

Heute sind viele Schaufenster elektrisch gegen Einbruch gesichert. In die Scheibe sind dünne Drähte eingelassen, die beim Brechen der Scheibe zerreißen. Dadurch wird Alarm ausgelöst.

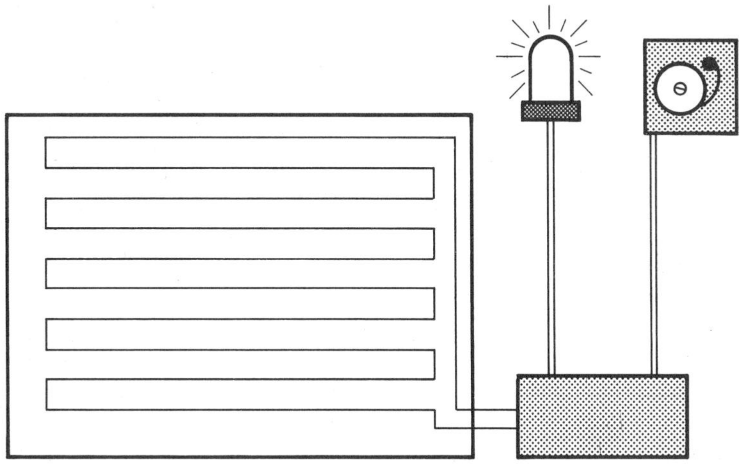

Bei dieser Anlage kann man 3 Baugruppen unterscheiden:

1 Alarmschleife

2 Steuergerät

3 Alarmgeber (Klingel, Blinklicht, Sirene)

Ordne die Ziffern in die Abbildung ein!

Wann wird Alarm ausgelöst? ______________________________

____

Wichtigstes Bauteil im Steuergerät ist ein Relais. Wie arbeitet es?

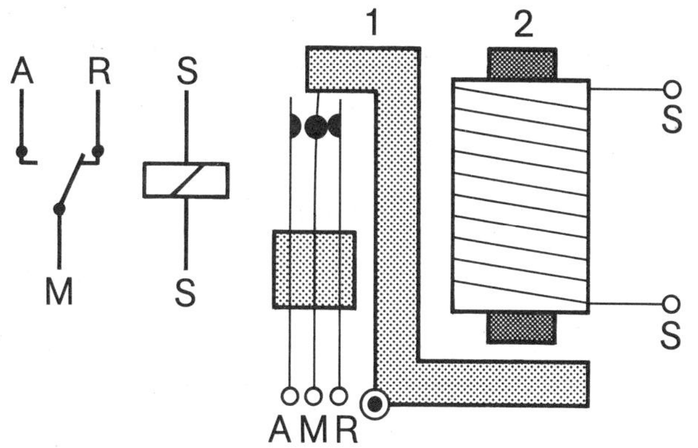

____

Erkläre mit Hilfe des Schaltbildes wie die Alarmanlage funktioniert!

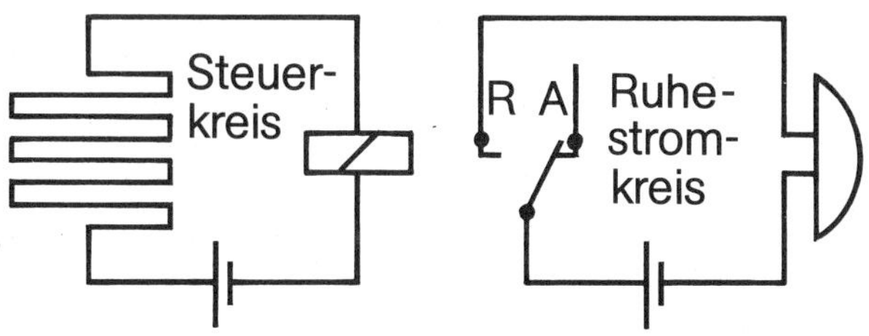

____

In einer Ausstellung soll ein wertvolles Schmuckstück vor Berührung und Diebstahl geschützt werden. Eine Lichtschranke übernimmt diese Aufgabe. Ein Lichtstrahl geht über das Schmuckstück. Wenn er unterbrochen wird, dann ertönt Alarm.

Wie arbeitet diese Alarmanlage?

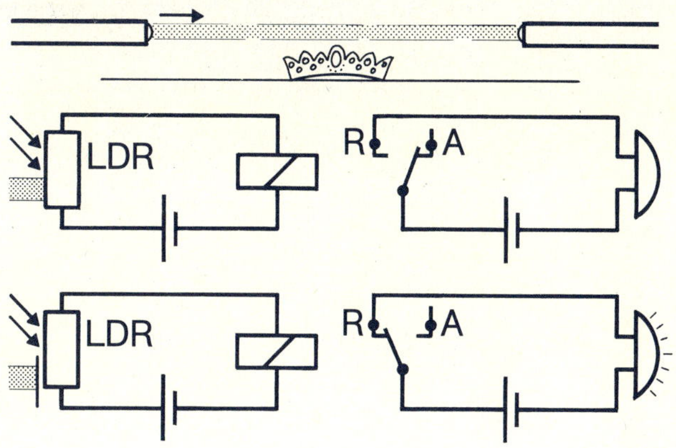

Welche Eigenschaften hat ein Fotowiderstand?

Ein anderes Bauteil, das Alarmanlagen steuern kann, ist der NTC-Widerstand. Wenn er kalt ist, hat er einen großen elektrischen Widerstand, warm hat er dagegen einen kleinen Widerstand.

Erkläre wie die Schaltung des elektrischen Feuermelders funktioniert!

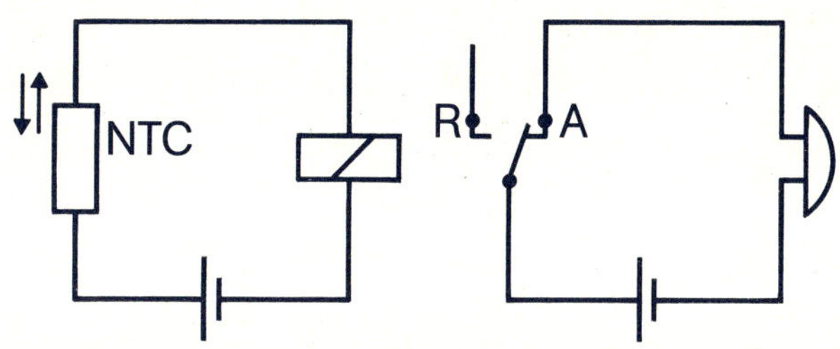

Stromkreise kann man nicht nur durch Druck oder Zug ein- oder ausschalten.

Das Relais:

Der Fotowiderstand:

Der NTC-Widerstand:

In Fabriken gibt es Stanzen, Pressen und andere Maschinen, die auf keinen Fall laufen dürfen, solange sich eine Hand im Gefahrenbereich befindet. Solche Maschinen haben Lichtschranken, die den Antrieb im Gefahrenfall schnell und sicher unterbrechen. Durch den Einbau eines Transistors wird eine solche Lichtschranke schneller und sicherer.

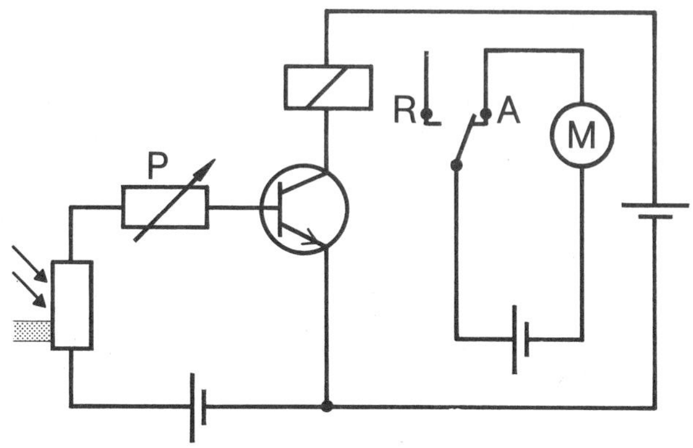

Welche Aufgabe erfüllt der Transistor?

Der Transistor ist ein elektronisches Bauteil mit 3 Anschlüssen:
Basis, Emitter und Kollektor. Ähnlich wie das Relais verbindet er zwei Stromkreise, den Steuerkreis (Basis-Emitter-Kreis) und den Lastkreis (Kollektor-Emitter-Kreis).

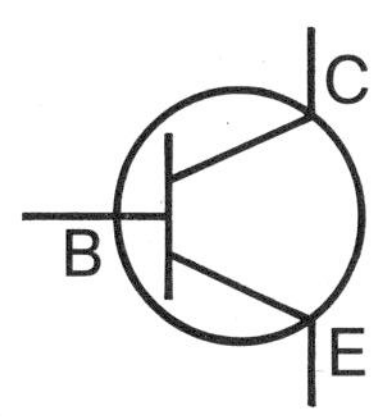

Baue die folgende Schaltung auf, und verändere den Widerstand P!

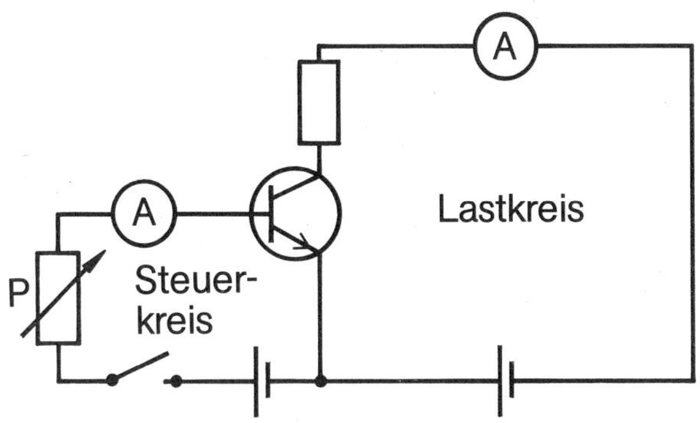

Erkläre nun die Wirkung des Transistors in der Lichtschranke oben!

Eine Transistorschaltung kann auch mit weniger Stromquellen betrieben werden.

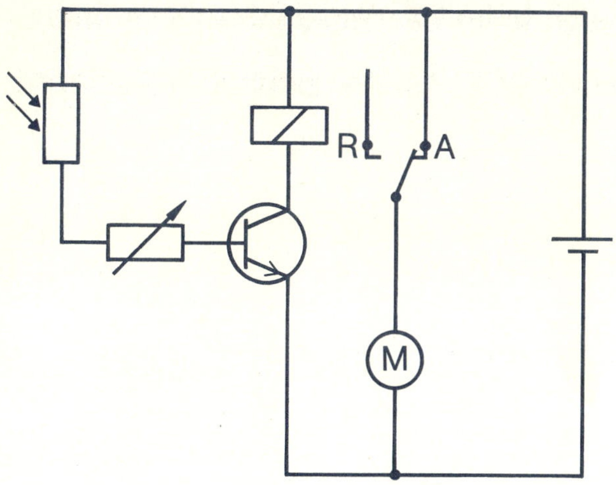

Hier ist eine einfachere Lichtschrankenschaltung, die genauso zuverlässig arbeitet wie die auf Seite 10.

Zeichne in die beiden Abbildungen auf Seite 10 und auf Seite 11 den Steuerkreis des Transistors grün, den Lastkreis des Transistors blau und den Arbeitskreis des Relais rot!

Wie arbeitet der Dämmerungsschalter?

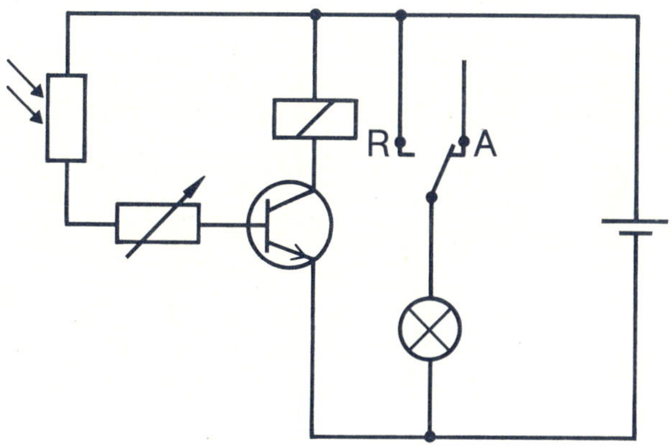

Ein Feuchtigkeitsschalter löst eine Klingel aus, wenn im Keller Wasser steht.

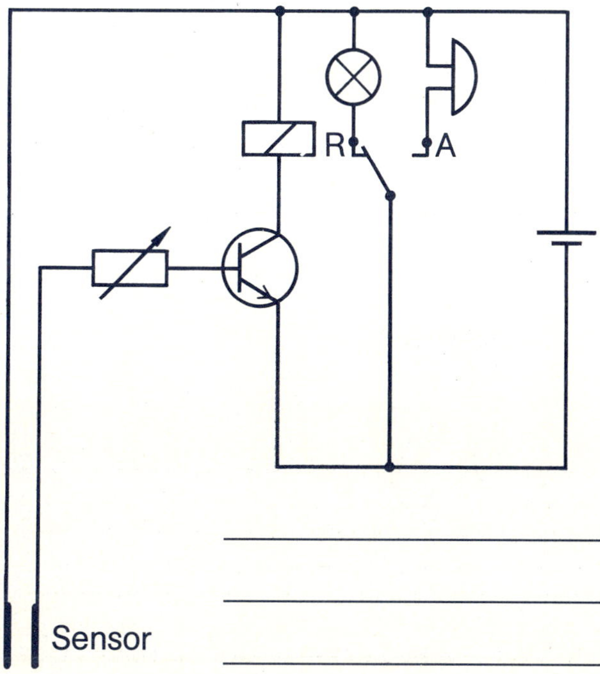

Auslaufendes Heizöl ist gefährlich, darum ist in jedem Ölbrenner ein Flammenwächter eingebaut. Er kontrolliert Flamme und Ölpumpe. Solange das zugeführte Öl verbrennt, greift er nicht ein. Wenn aber die Flamme erlischt und die Pumpe dennoch Öl einspritzt, dann schaltet er automatisch die Pumpe ab.

Erkläre wie diese Schaltung arbeitet!

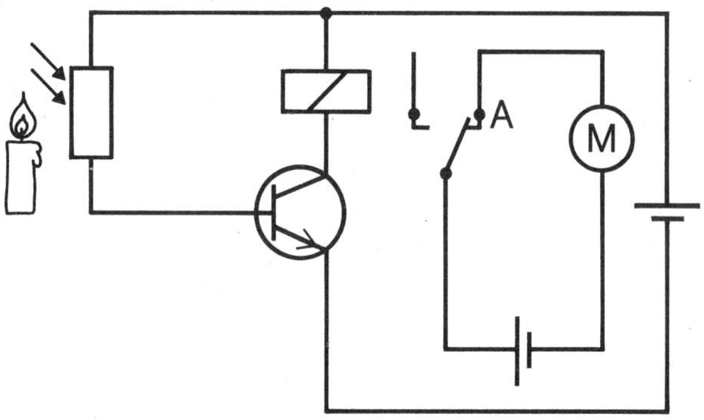

Das Ausschalten der Pumpe wird hier durch die Flamme gesteuert.

Wie alle Steuerungen läßt sich auch diese durch eine Kette darstellen.

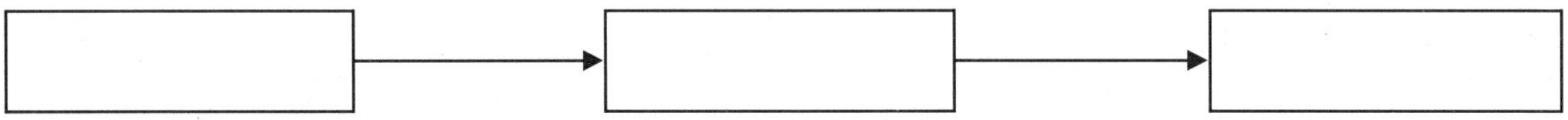

Steuerketten liegen auch bei vielen anderen Schaltungen vor. Ordne in der Tabelle den Aufgaben die entsprechenden Teile zu!

Schaltung	Fühlen	Verstärken	Schalten	Melden
Überhitzungsschutz beim Projektor				
Alarmanlage an der Schaufensterscheibe				
Lichtschranke als Alarmanlage				
Elektronischer Feuermelder				
Dämmerungs-schalter				
Feuchtigkeits-schalter				

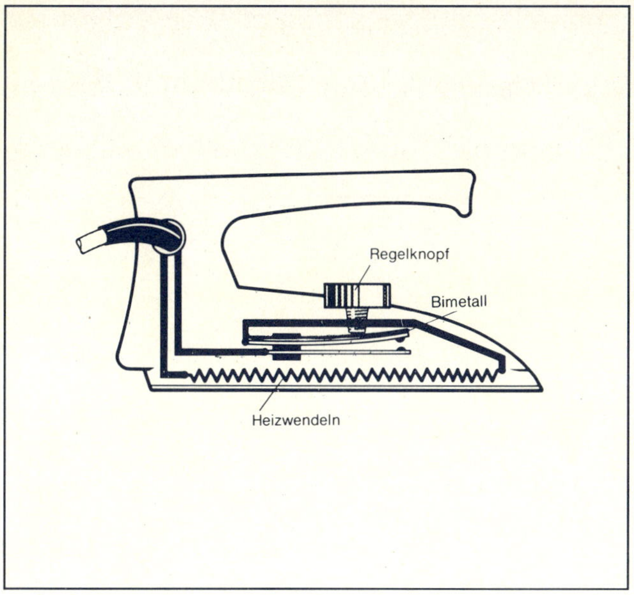

Das Bügeleisen soll ständig die mit dem Regelknopf eingestellte Temperatur für die entsprechende Bügelwäsche haben. Oberhalb dieser Temperatur würde die Wäsche Schaden nehmen, darunter wäre die Glättung mangelhaft.

Wie wird diese Forderung erreicht?

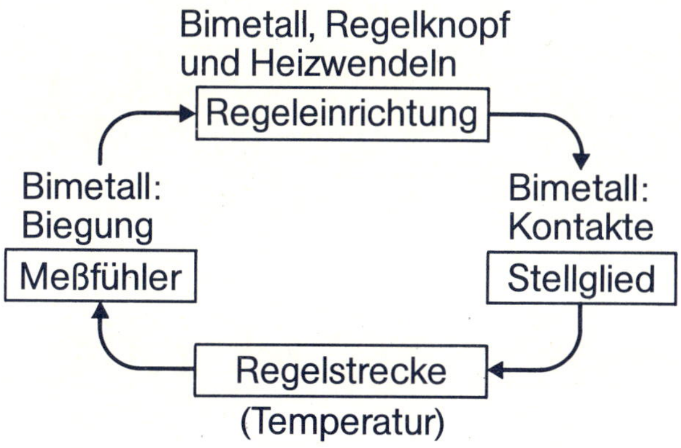

Betrachte das Funktionsschema der Regelung und vergleiche es mit dem der Steuerung!

Der Vergaser auf Seite 2 enthält ebenfalls eine Regeleinrichtung. Sie sorgt für einen gleichbleibenden Stand des Kraftstoffs im Schwimmergehäuse.

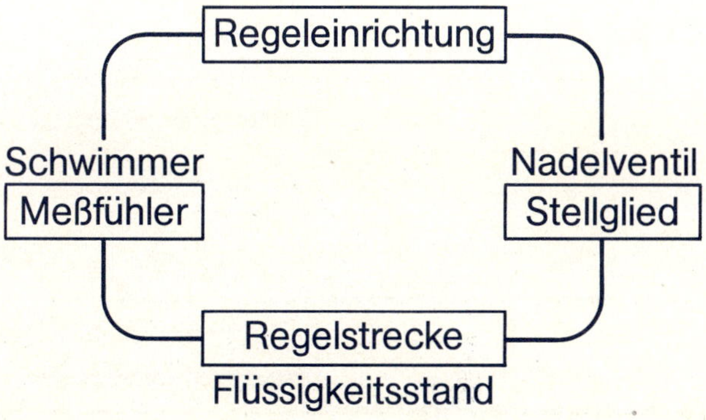

Heute verbindet uns das Telefon in Sekundenschnelle mit Menschen an weit entfernten Orten; wir können sie hören und mit ihnen sprechen. Ordne der Abbildung die Begriffe *Aufnahme, Wiedergabe* und *Übertragung* zu!

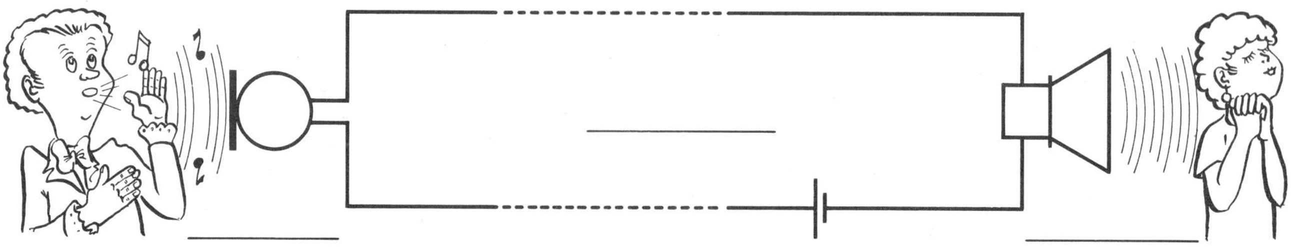

Alle Schallquellen (Stimmen, Musikinstrumente, Lautsprecher) schwingen.
Wenn sie ihre Schwingungen auf die umgebende Luft übertragen, breiten sich diese aus. Die Teilchen der Luft schwingen im Rhythmus der Schallquelle mit. Treffen sie auf unser Ohr, dann hören wir den Schall.

Kohlekörnermikrofon

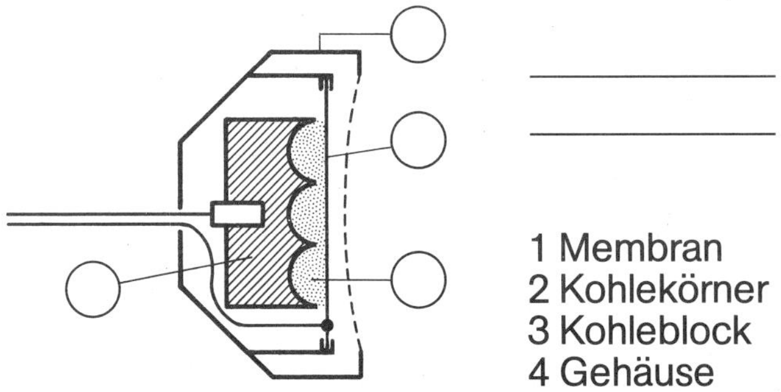

1 Membran
2 Kohlekörner
3 Kohleblock
4 Gehäuse

Das Mikrofon – ein elektroakustischer Wandler

Wie Schallschwingungen auf elektrischen Strom übertragen werden, zeigen die Versuche rechts.

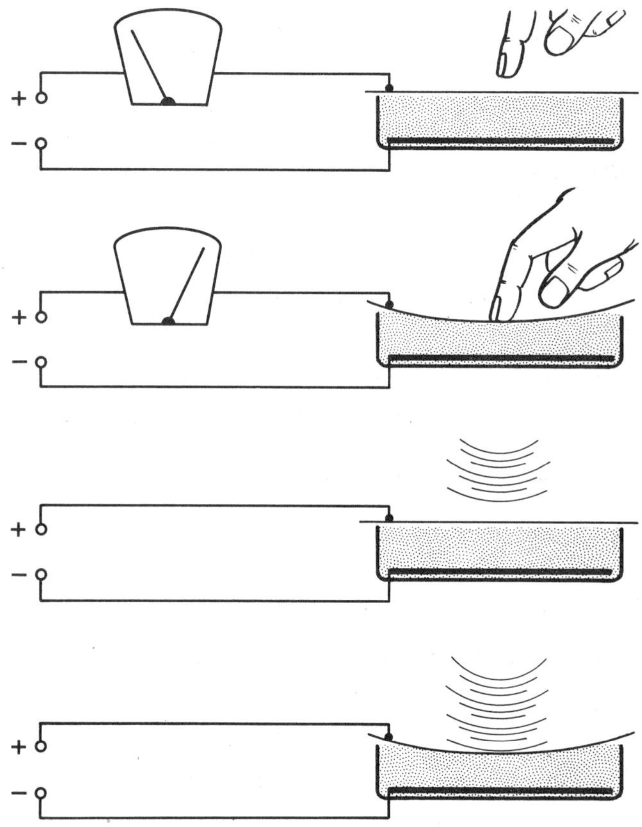

Die Stromschwankungen, die vom Mikrofon erzeugt werden, gehen über Leitungen zum Hörer. Bei sehr großen Entfernungen werden sie unterwegs verstärkt. Der Hörer wandelt die elektrischen Werte wieder in hörbaren Schall um.

Der Hörer – ein elektroakustischer Wandler

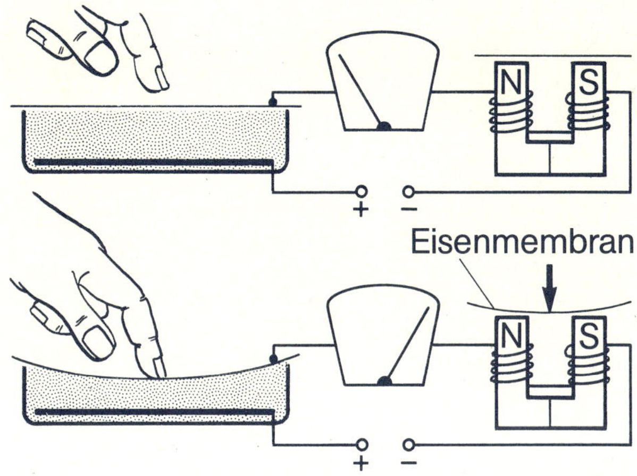

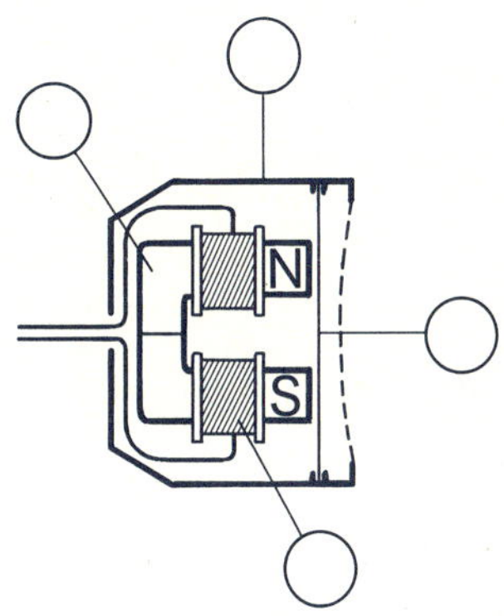

1 Eisenmembran
2 Dauermagnet
3 Elektromagnet
4 Gehäuse

In einfachen Gegensprechanlagen wird der Lautsprecher gleichzeitig auch als Mikrofon benutzt. Wie ist dies möglich?

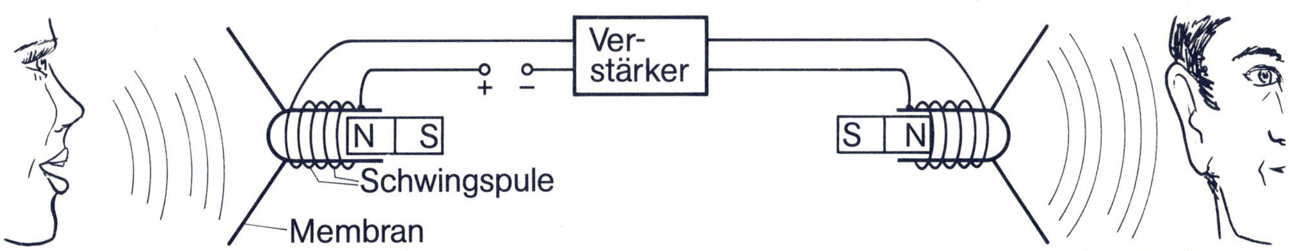

In Türsprechanlagen, in Rufanlagen, in Radiogeräten, in Plattenspielern und Kassettenrecordern sind Verstärker notwendig. Sie verstärken die eingehenden Tonsignale – oft in mehreren Stufen – so daß man Lautsprecher betreiben kann.
Bei modernen Verstärkern ist der Transistor das wichtigste Bauteil.

Einstufiger Transistorverstärker

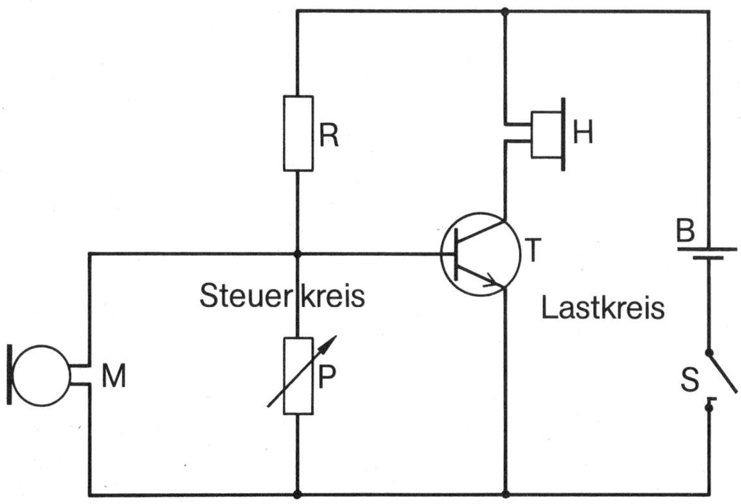

Welche Aufgabe haben die Teile?

Erkläre wie die Schaltung zusammenwirkt!

Im Jahre 1980 wurden 97 Millionen Tonnen Erdöl in die Bundesrepublik eingeführt. Inzwischen ist die Menge deutlich gefallen. Ein Teil davon wird als Energieträger, ein anderer als Rohstoff in der chemischen Industrie gebraucht.

Energieträger sind folgende Erdölprodukte: ______________________________

____

Erdöl ist der Rohstoff für ______________________________

____

____

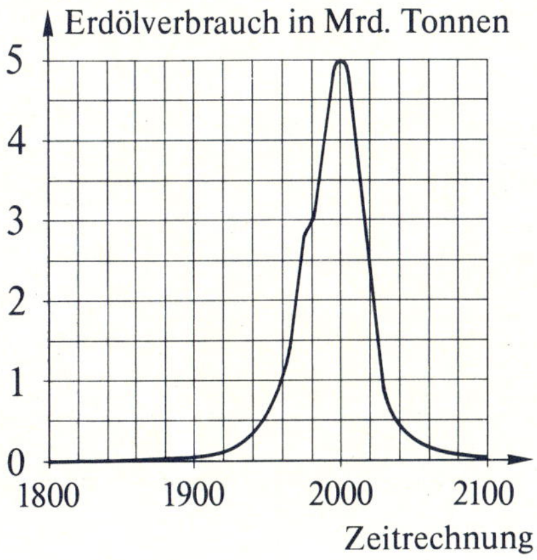

Die Grafik zeigt den bisherigen und den geschätzten zukünftigen Verbrauch von Erdöl in der Welt.

Nenne Gründe für den Anstieg der Kurve!

____

____

____

____

____

Nenne Gründe für das vermutete Absinken des Verbrauchs!

____

____

____

Welche Möglichkeiten, mit Erdölprodukten sinnvoll umzugehen, hat jeder von uns?

____

____

____

____

____

Erdöl ist ein Gemisch zahlreicher Stoffe, die unterschiedliche Siedetemperaturen haben. Wie kann man sie trennen?

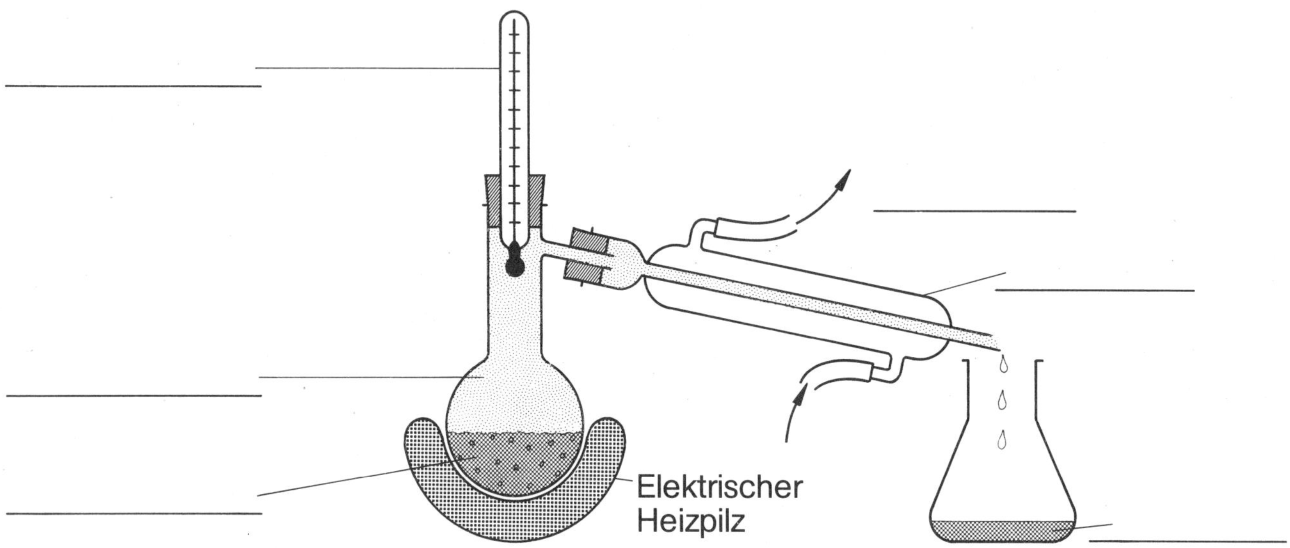

1. Fraktion	2. Fraktion	3. Fraktion	4. Fraktion	Rückstand

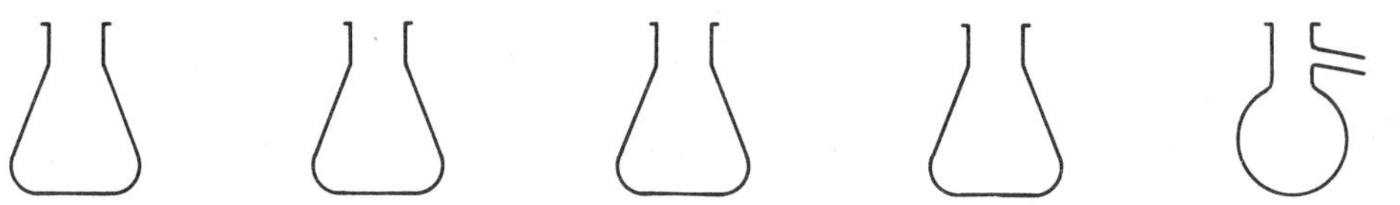

Siedebereich:

Farbe:

Viskosität:

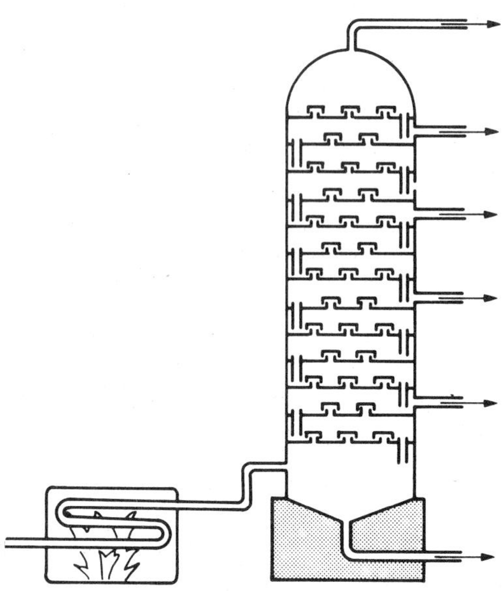

In der Raffinerie wird ähnlich verfahren. Das gesamte Rohöl wird dort zunächst in einem Röhrenofen verdampft. Was geschieht dann in dem Destillationsturm mit den Glockenböden?

Zwischen dem Siedebereich und den übrigen Eigenschaften der Erdölfraktionen besteht ein Zusammenhang.

Farbe: ____________________

____

____

Viskosität: ____________________

____

Entflammbarkeit und Verdunstbarkeit: ____________________

____

____

Verwendung der einzelnen Erdöl-Fraktionen:

Name der Fraktion	Siedebereich °C	Verwendung	
	unter 40 °C		
	40 – 70 °C		
	70 – 150 °C		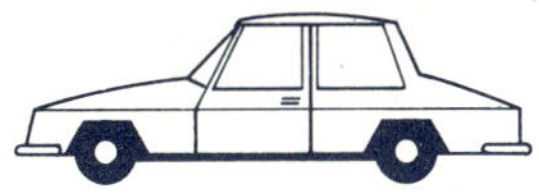
	140 – 150 °C		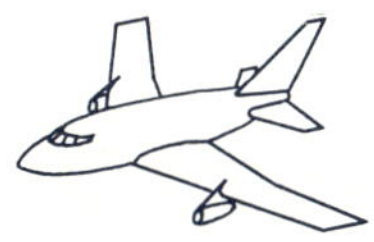
	180 – 250 °C		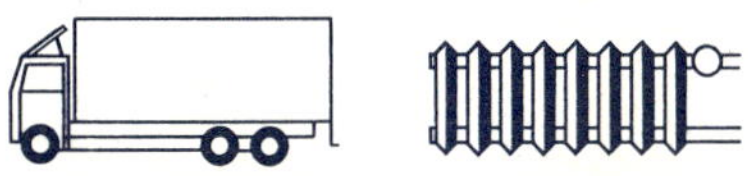
	250 – 300 °C		
	300 – 350 °C		
	über 350 °C		

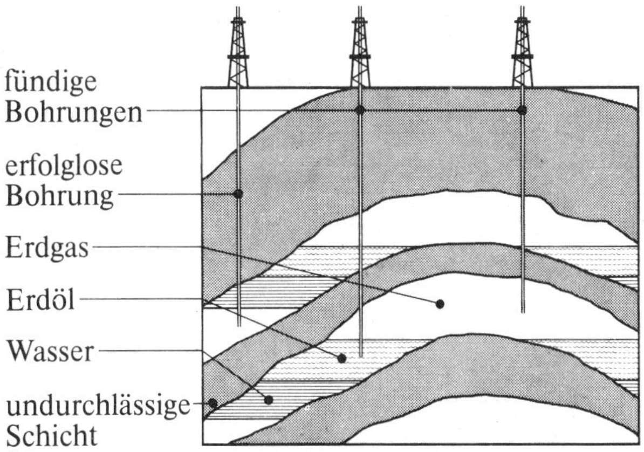

Zusammen mit Erdöl kommt oft auch Erdgas vor. Früher wurde es wenig genutzt, heute ist es ein wertvoller Bodenschatz. Rohrleitungen und Tanker bringen es dorthin, wo es als Heizgas oder als Rohstoff verwendet wird. Hauptbestandteil des Erdgases ist die Verbindung Methan.

Eigenschaften von Methan

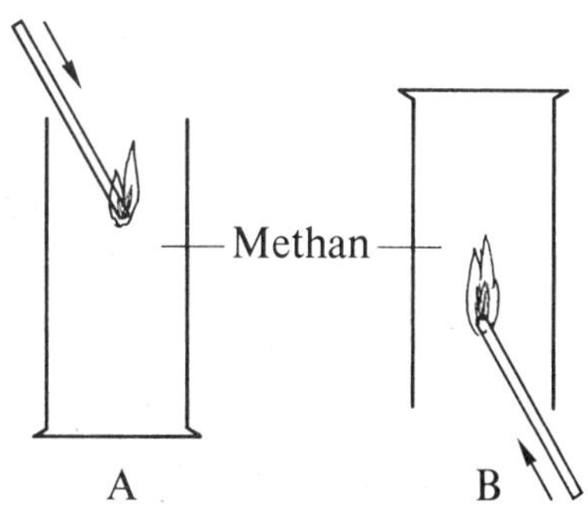

Führe die gleichen Versuche mit Butan aus einem Kartuschenbrenner oder einem Gasfeuerzeug durch!

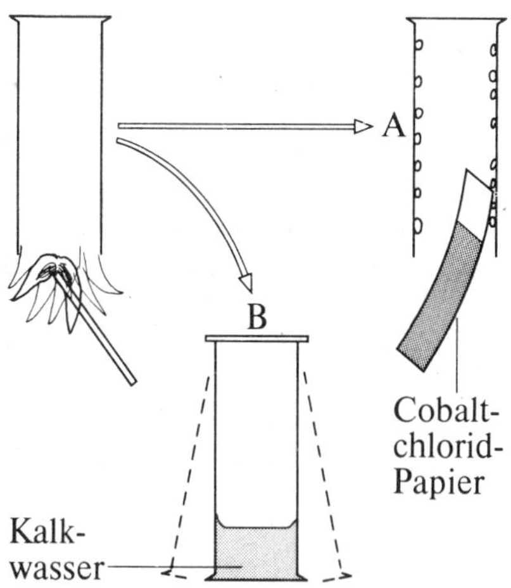

Welche Stoffe entstehen bei der Verbrennung von Methan und Butan?

Ein Verbrennungsversuch von Benzin oder Petrolether ergibt die gleichen Stoffe.

Methan ist der einfachste Kohlenwasserstoff. In einem Methanmolekül sind 4 Wasserstoffatome mit einem Kohlenstoffatom verbunden.

Räumliches Modell	Flächenmodell	Strukturformel	Summenformel
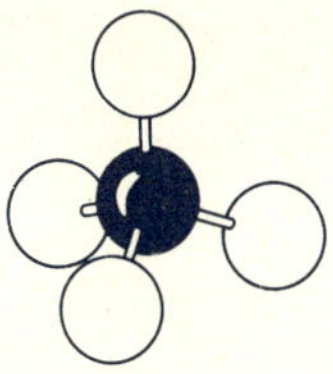	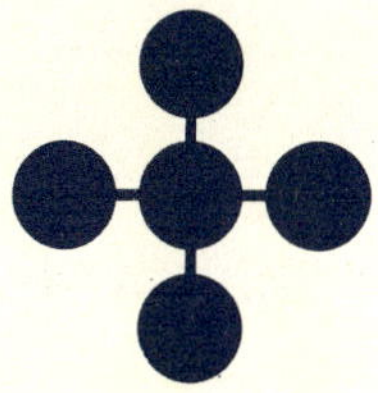	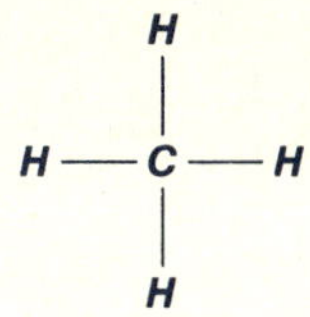	______________

Kohlenstoffatome können sich auch untereinander verbinden. So entstehen kürzere oder längere Kettenmoleküle. Die Kohlenwasserstoffe sind nach diesem Prinzip gebaut.

Kohlenwasserstoffe

Name	Summenformel	Strukturformel		
Ethan	C_2H_6		Gase	______________
Propan	C_3H_8			______________
Butan	C_4H_{10}			______________
Pentan	C_5H_{12}		Flüssigkeiten	______________
Hexan	C_6H_{14}			______________
Heptan	C_7H_{16}			______________
Oktan	C_8H_{18}			______________
⋮	⋮			______________
				______________
Hexodekan	$C_{16}H_{34}$			______________
Heptadekan	$C_{17}H_{36}$	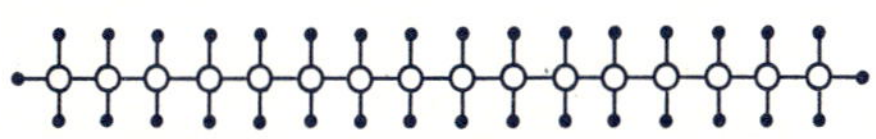	Feststoffe	______________

Welche Zusammenhänge bestehen zwischen dem Molekülbau und den Eigenschaften der Kohlenwasserstoffe?

____

____

____

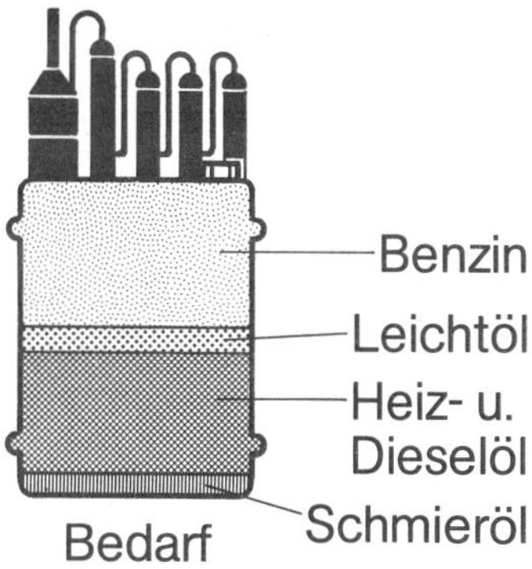

Was sagen die beiden Bilder?

____

____

____

____

____

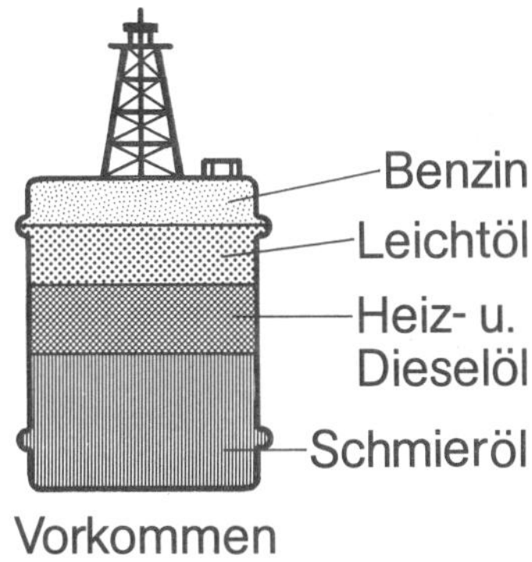

Der Crackversuch zeigt, wie der Chemiker Produkte nach „Wunsch“ herstellt.

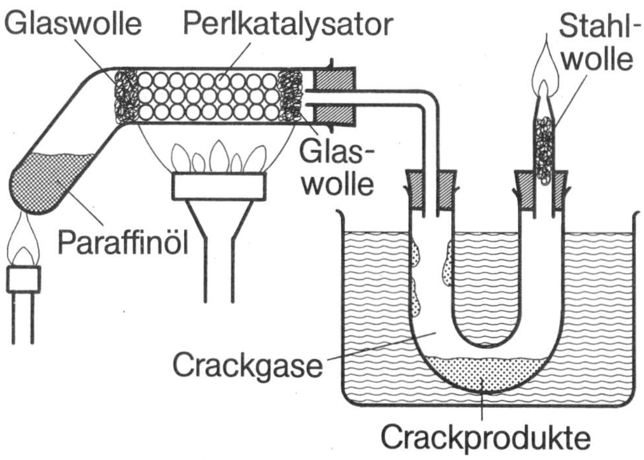

Beim **Cracken** werden durch einen heißen Perlkatalysator die langen Kohlenwasserstoffketten in kürzere Ketten gespalten.

Ausgangsstoff: Paraffinöl

Endprodukte: ______________________________

____

____

____

____

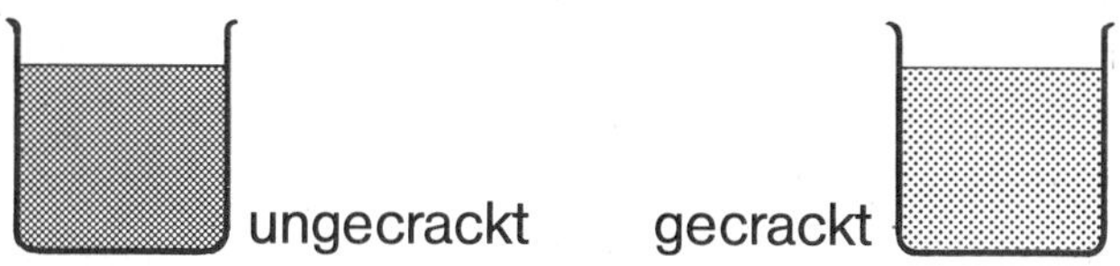

Beispiel für einen Crackvorgang

Wärme und Katalysator →

Längere Kohlenwasserstoffketten können sich auch verzweigen. Je größer der Anteil verzweigter Ketten im Benzin, um so besser ist seine Qualität. „Bleifreies Benzin“ erfordert einen Anteil verzweigter Ketten, den die fraktionierte Destillation nicht liefert. Durch **Reformieren** kann der Bau der Moleküle verändert werden, ohne daß sich die Zusammensetzung des Stoffes ändert.

Beispiel für das Reformieren

Normal-Oktan Iso-Oktan

Wärme und Druck →

______________ ______________

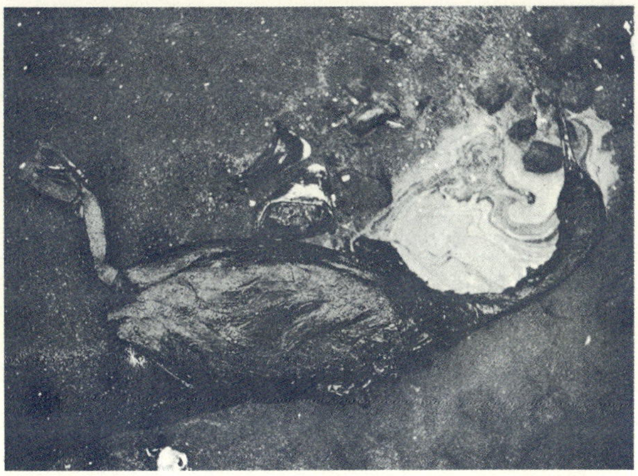

Trotz Vorsichtsmaßnahmen kommt es immer wieder zu Ölkatastrophen:

Riesige Tankschiffe brechen auseinander, Tanklastzüge stürzen um.

Unbedachte Menschen schütten Altöl einfach weg.

Warum sind Erdöl und seine Produkte für das Wasser so gefährlich?

Tauche eine Vogelfeder in Erdöl und versuche sie dann mit Wasser zu reinigen.

Beobachtung: ______________________

____

____

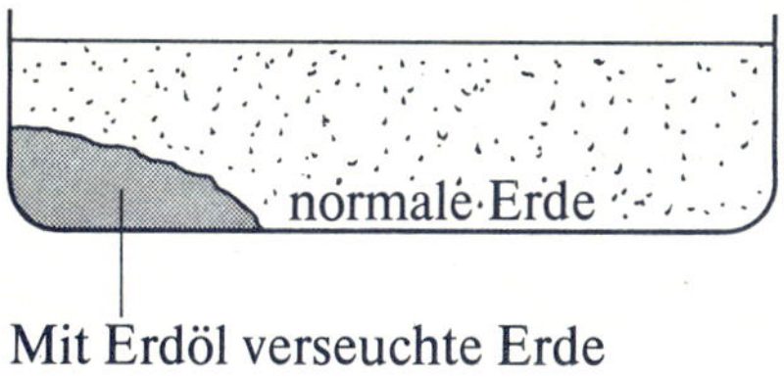

Säe in einen Blumenkasten, dessen Erde teilweise mit Erdöl versetzt ist, gequollene Gerste oder Maiskörner. Beobachte die Keimung und das Wachstum. Zeichne das Ergebnis ein!

____

____

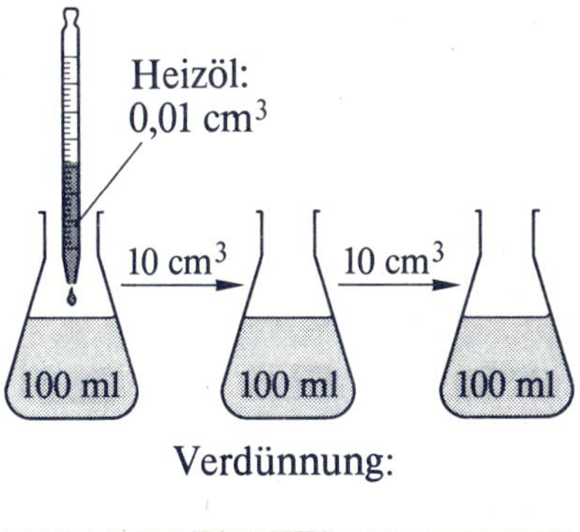

Verdünne Heizöl entsprechend immer stärker mit Wasser. Führe die Geruchsprobe durch!

____

____

Erdöl und Erdölprodukte schädigen die Umwelt. ______________________

____

____

____

____

____

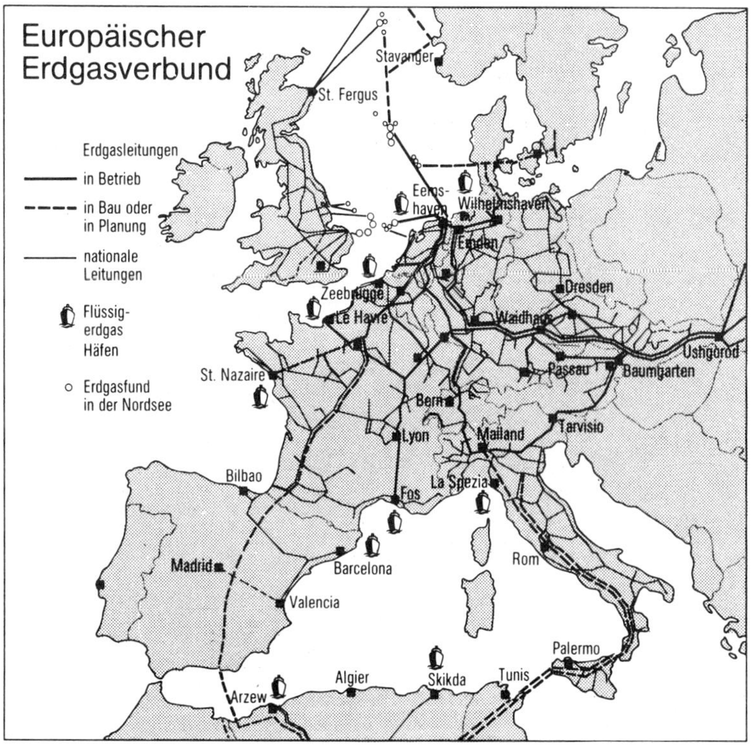

Woher kommt das Erdgas, das bei uns genutzt wird?

Erdgas verbrennt vollständig zu Kohlenstoffdioxid und Wasser.

Womit sollte man am zweckmäßigsten heizen?

Heizöl? Erdgas? Kohle? Strom?

Steinkohle wird in Kraftwerken und im Haushalt zur Wärmegewinnung verfeuert. Kohle ist wie Erdöl auch ein Stoffgemisch, das viele wichtige Rohstoffe enthält. Die trockene Destillation von Steinkohle zeigt dies.

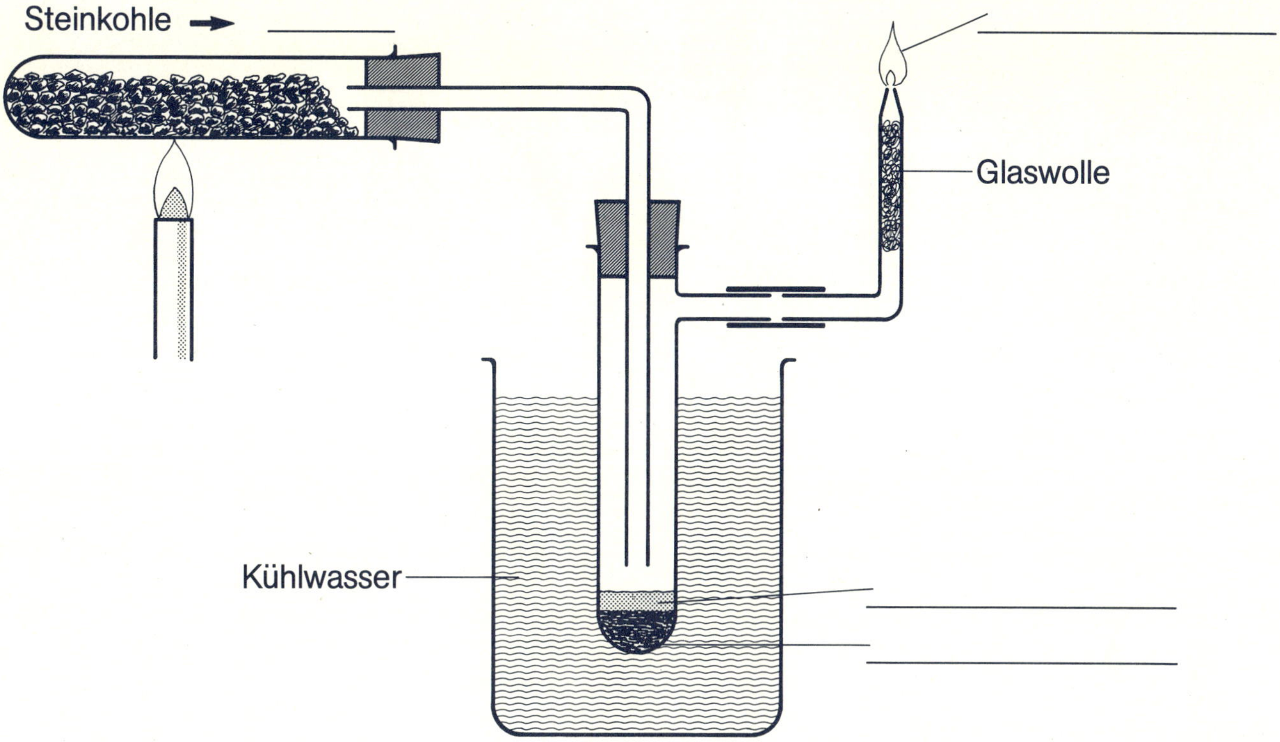

Vom Naturstoff zum Kunststoff (halbsynthetischer Kunststoff).

Um den steigenden Bedarf an Textilfasern zu decken, treten neben die Naturfasern aus Schafwolle oder Baumwolle zunehmend Fasern aus Cellulose, **Reyon** genannt.

Beschreibe den Weg von der Cellulosefaser zum Cellulosefaden und beschrifte die Abbildung!

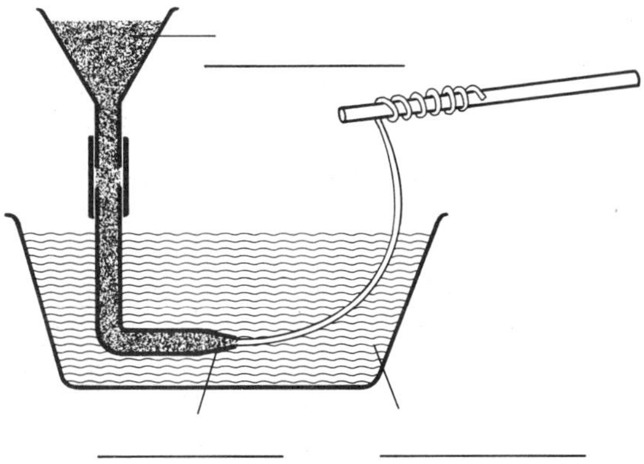

Vollsynthetische Kunststoffe

Polystyrolherstellung:

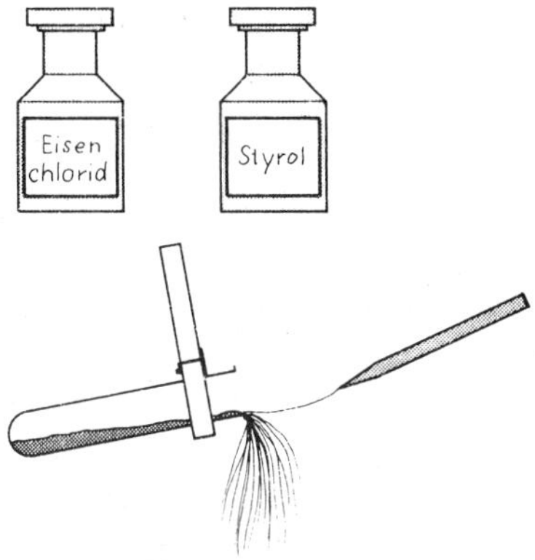

Viele Bausteine aus **Styrol** (Monomere) bilden den Kunststoff **Polystyrol** (Polymere). Ergänze entsprechend!

Ethylen ⟶ ______________________; Amid ⟶ ______________________;

Vinylchlorid ⟶ ______________________.

Die Monomere bestehen hauptsächlich aus Kohlenstoff und Wasserstoff mit einer Doppelbindung zwischen den C-Atomen. Unter Einwirkung von Druck, Hitze oder Katalysatoren lösen sich die Doppelbindungen, es bilden sich Ketten.

Stelle die Bildung von Polyethylen im Modell dar!

Aufgrund ihrer Eigenschaften werden die Kunststoffe in drei Gruppen eingeteilt:

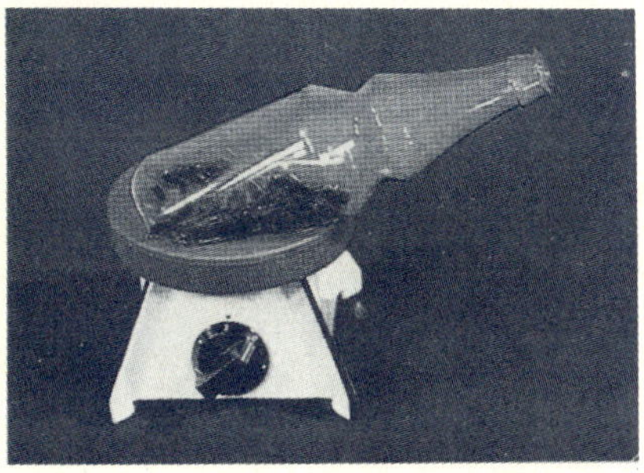

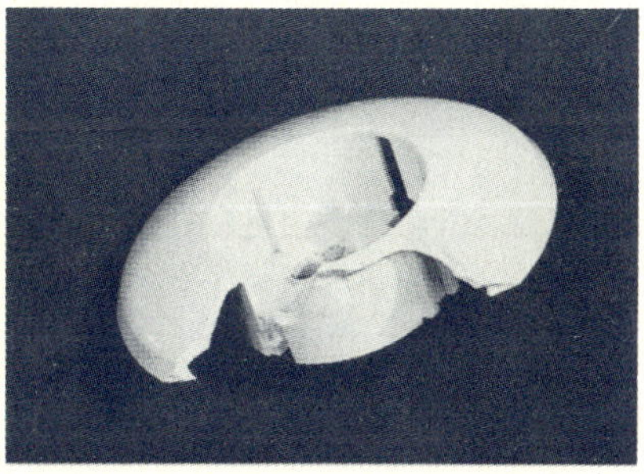

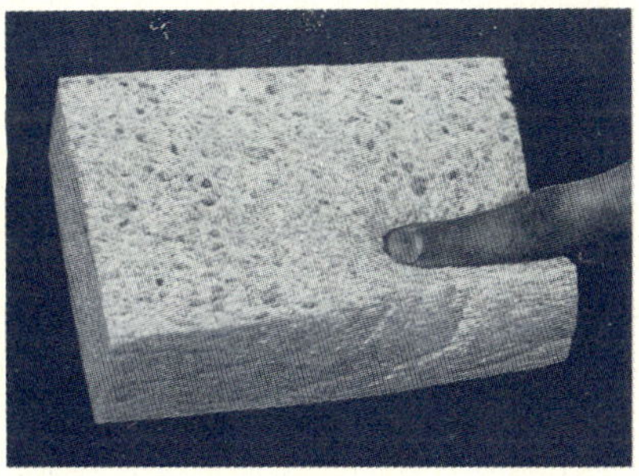

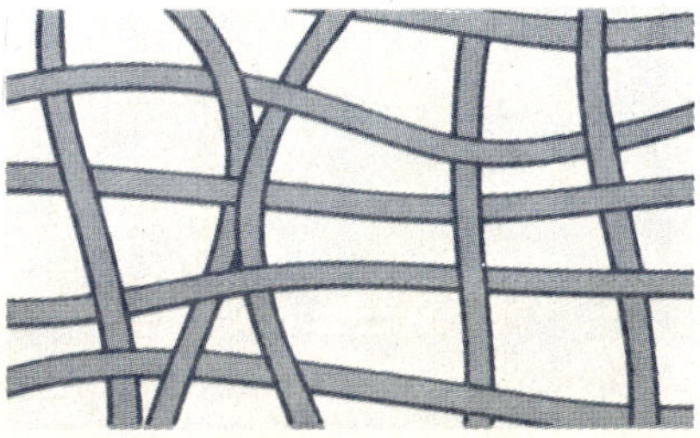

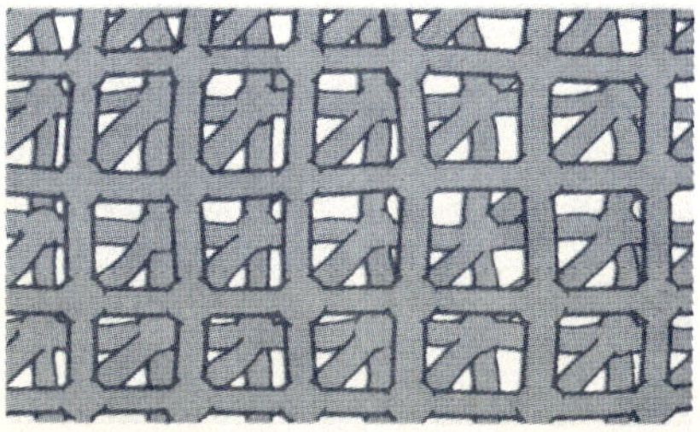

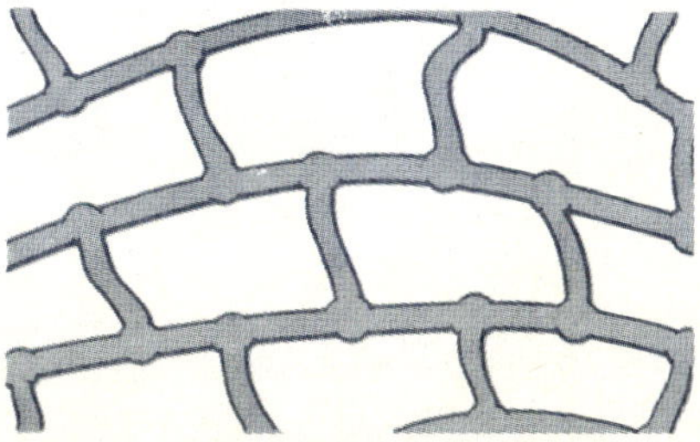

Kunststoffe verursachen Umweltprobleme:

Vervollständige die Tabelle!

Verfahren: ______

Erzeugnis: ______

Kunststoff: ______

Anwendung: ______

______

Verfahren: ______

Erzeugnis: ______

Kunststoff: ______

Anwendung: ______

______

Verfahren: ______

Erzeugnis: ______

Kunststoff: ______

Anwendung: ______

______

Verfahren: ______

______

______

Anwendung: ______

______

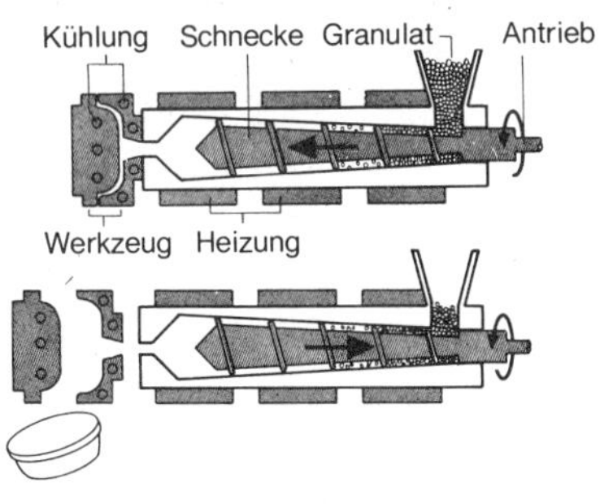

Verfahren: ______

______

______

______

Anwendung: ______

______

Die Vielzahl der Kunststoffe mit ihren verschiedenen Eigenschaften ermöglicht eine breite Verwendung. Ergänze die Tabelle!

Gegenstände aus Kunststoffen	Verwendungsbereich	Früher verwendete Werkstoffe	Vor- und Nachteile der Kunststoffe

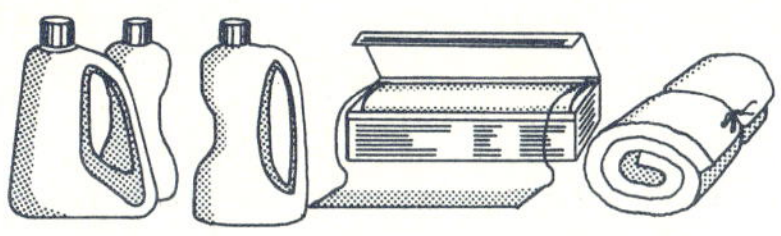			
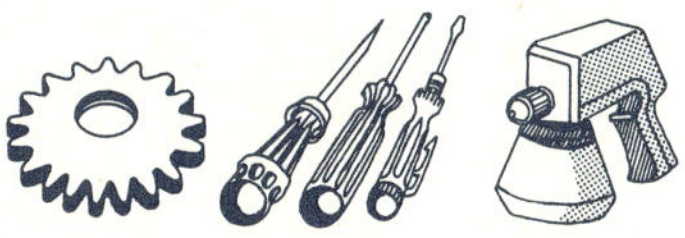			
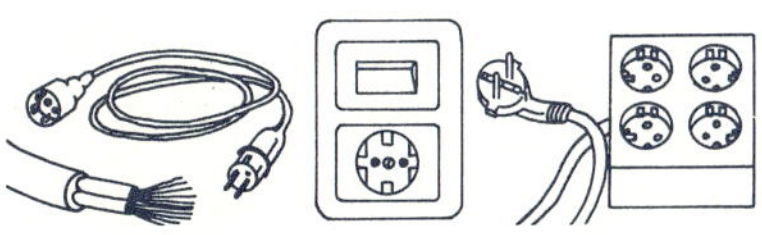			
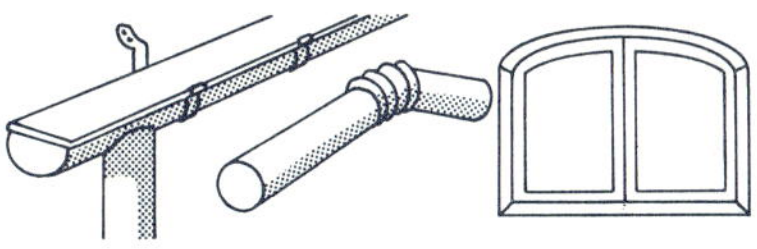			

Beim Aufbau unseres Körpers und zur Aufrechterhaltung seiner Lebensfunktionen kommt den Nährstoffen große Bedeutung zu. Zähle sie auf!

Die Abbildung zeigt verschiedene Zuckerarten. Sie sind Pflanzenerzeugnisse.

Ergänze!

Früchte:

Zuckerrohr:

Zuckerrüben:

Mit **Fehlingscher Lösung** lassen sich die Zuckerarten unterscheiden. Berichte!

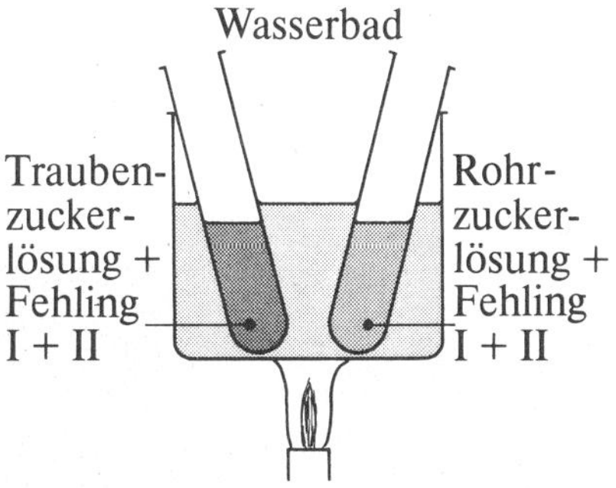

Für Traubenzucker und Fruchtzucker gibt es besondere Testpapiere:

Den weitaus größten Teil unseres täglichen Nährstoffbedarfs decken wir mit stärkehaltigen Nahrungsmitteln.

Weise die Stärke nach!

Vollziehe den Verdauungsvorgang von Rohrzucker und Stärke nach, indem du auf ihre Lösungen verdünnte Salzsäure bzw. Speichel einwirken läßt!

Neutralisiere und prüfe dann auf Zucker!

Fette sind sehr energiereiche Verbindungen. Man teilt sie ein in pflanzliche und tierische Fette. Gib Beispiele an!

Pflanzliche Fette:

Tierische Fette:

Fette hinterlassen einen **Fettfleck**. Schreibe Lösungsmittel auf!

Eiweiße sind lebenswichtige Aufbaustoffe. Sie können in tierischen und pflanzlichen Nahrungsmitteln nachgewiesen werden. Beschreibe!

Untersuche Nahrungsmittel auf Nährstoffe und trage die Ergebnisse in eine Tabelle ein!

Nahrungsmittel	Traubenzucker	Stärke	Fett	Eiweiß

Zeichne eine Versuchsskizze, wie man eine Zuckeranalyse durchführen kann und berichte über das Ergebnis!

____

____

____

____

____

Genaue Untersuchungen ergeben für Frucht- und Traubenzucker die gleiche Summenformel: ______________. Die unterschiedliche Süßkraft ist durch die unterschiedliche Anordnung der Atome bedingt. Zeichne vereinfachte Symbole

Traubenzucker: Fruchtzucker:

Stelle die Aufspaltung des Rohrzuckers mit Symbolen dar!

Veranschauliche ebenso die Aufspaltung der Stärke!

Schlußfolgerung: ____

Zu welchen Ergebnissen kommt eine Fett- bzw. Eiweißanalyse?

____

____

____

____